中国水资源承载风险图集

吕爱锋　韩雁　朱文彬　著

· 北京 ·

前言

水资源是支撑社会经济可持续发展和维持生态环境良性循环的重要基础因素。当前，全球正面临水资源短缺、供需矛盾突出的问题。中国以占全球约 6% 的水资源支撑了占全球约 9% 的耕地和占全球约 18% 的人口，水资源的可持续利用正面临严峻的挑战。科学评估水资源承载力及其风险是水资源可持续利用的前提与基础。水资源承载力风险是风险理论在水资源承载力研究中的具体应用，是对水资源承载力研究的拓展。

本图集从承载体、承载对象、利用方式三方面给出水资源承载系统脆弱性空间分布，从气候变化、城市化、产业结构变化等方面给出水资源承载系统的危险性空间分布，并将所得脆弱性指数与危险性指数进行空间叠加，得到水资源承载力风险指数的空间差异。全国水资源承载力风险评估结果表明：脆弱性指数以华北地区为最高，尤其是京津冀地区；危险性指数以西北地区为最高，东北地区也较高。水资源承载力风险指数在空间布局上具有北方地区的明显高于南方地区、经济发达地区的高于经济落后地区的特点，其中以京津冀周边地区的风险指数为最高。

本图集是“十三五”国家重点研发计划“国家水资源承载力评价与战略配置”（2016YFC04013）第七课题“水

资源承载风险评估与监测预警技术”部分研究成果的总结。本图集的顺利完成与课题组成员的共同努力是分不开的，在此对参加课题研究的所有科研工作者表示真诚的感谢。同时，感谢严家宝博士后在绘图方面的帮助，也感谢中国科学院地理科学与资源研究所水资源研究室李丽娟、张士锋老师的大力支持。

本图集的特色在于以风险的方式给出了全国水资源承载力发生超载可能性的空间布局，对于水资源与经济社会的协调发展具有重要指导意义。由于影响水资源承载系统的风险因素非常复杂、评估难度较大，且受作者专业素养与理论水平的制约，本图集在绘制过程中难免会有疏漏或不足，在此恳请广大专家、读者批评指正。

作 者

2021 年 12 月

目 录

前言

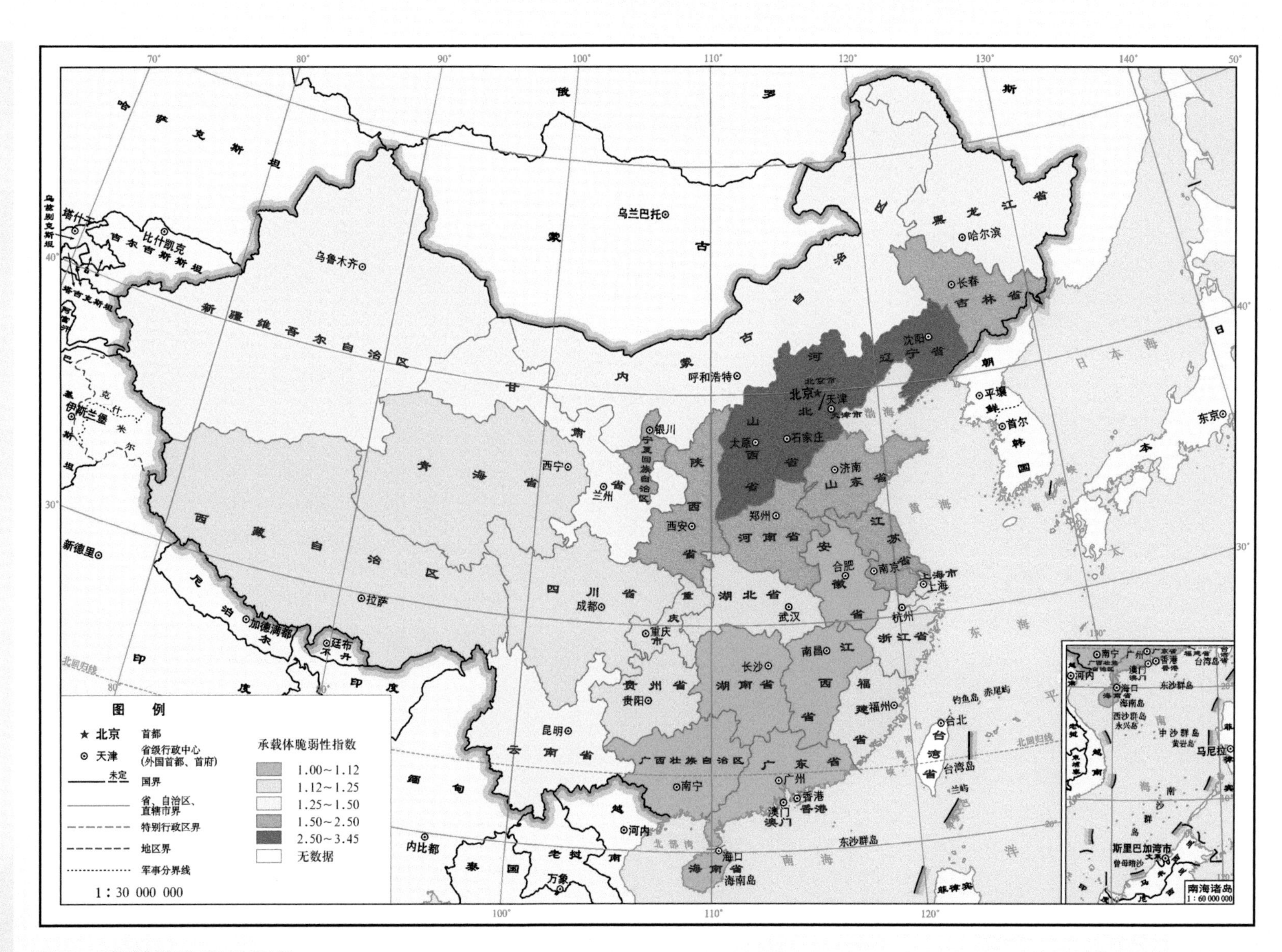
图 例
★ 北京 首都
⊙ 天津 省级行政中心（外国首都、首府）
国界
省、自治区、直辖市界
特别行政区界
地区界
军事分界线
1：30 000 000
承载体脆弱性指数
1.00～1.12
1.12～1.25
1.25～1.50
1.50～2.50
2.50～3.45
无数据
南海诸岛
1：60 000 000

图 1　承载体脆弱性指数

承载体脆弱性指数是指因水资源短缺、水体污染、水域空间被挤占、河流被阻隔导致水资源系统遭受破坏的容易程度。承载体脆弱性指数越大，水资源承载系统越容易遭到破坏，水资源承载系统抗干扰和恢复的能力越差。承载体脆弱性的高低体现在区域水资源数量多少、水质好坏、水域空间所占面积比例大小、河道水流速度快慢等功能属性，其计算所包含的指标主要有人均水资源量、产水模数、水资源开发利用率、水体水质、水域面积率、水量交换等。承载体脆弱性指数的计算公式如下：

$$SUVI=\sum_{i=1}^{m}\left(w_iCS_i\right)$$

式中：$SUVI$ 为承载体脆弱性指数；CS_i 为承载体脆弱性评价第 i 个指标无量纲化后的数值；w_i 为第 i 个指标的权重系数；m 为承载体脆弱性评价指标数目，$m=6$。

全国水资源承载体脆弱性指数从空间上来看，南方地区的承载体脆弱性指数明显高于北方地区，这与我国南北方地区的水资源量分布总体上具有一致性，即在水资源短缺的北方地区承载体脆弱性指数相对较高，而水资源相对较丰富的南方地区承载体脆弱性指数相对较低。同时，承载体脆弱性指数也与水质有关，如我国北方京津冀地区，因水功能区的水质较同样是缺水地区的西部省份差，致使其承载体脆弱性指数较西部省份的偏高。在南方地区，由于对水能的开发利用，使河道水流速度降低，影响河流健康生态流量，致使水体的承载能力降低，如云南省的承载体脆弱性指数较南方的其他省份明显偏高。

说·明

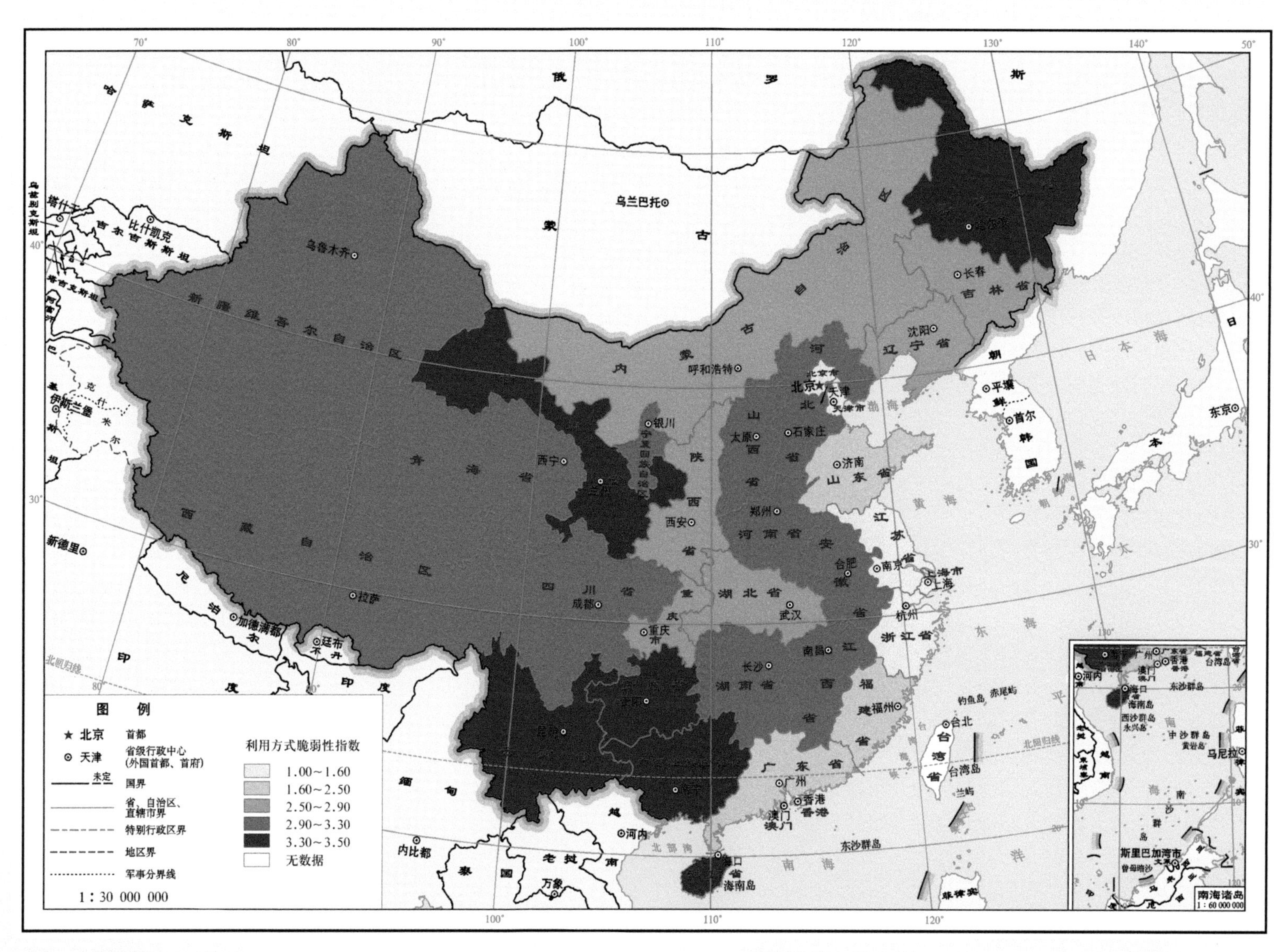

图2 利用方式脆弱性指数

利用方式脆弱性指数是指由于经济社会发展对水资源开发利用方式不同而导致水资源承载系统易于损坏的程度，它是水资源承载系统脆弱性在经济社会用水效率方面的综合体现。利用方式脆弱性指数越低，水资源承载系统抵抗外部环境干扰与破坏的能力越强，其计算所包含的指标主要有人均 GDP 和第三产业所占比重，具体计算公式如下：

$$ECVI = \sum_{i=1}^{m} \left(w_i CE_i \right)$$

式中：$ECVI$ 为利用方式脆弱性指数；CE_i 为利用方式脆弱性评价第 i 个指标无量纲化后的数值；w_i 为第 i 个指标的权重系数；m 为水资源利用方式脆弱性评价指标数目，$m=2$。

全国水资源利用方式脆弱性指数从空间分布上来看，具有东部地区低于西部地区、沿海地区低于内陆地区、南方地区低于北方地区的特点。同时，利用方式脆弱性指数也与水资源量的分布具有一定关系，如在西南地区，水资源丰富但节水的意识不是很强，对水资源的浪费比较严重，利用方式脆弱性指数相对比较高；在京津冀地区，水资源短缺，公众的节水意识比较强，利用方式脆弱性指数相对较低。

说·明

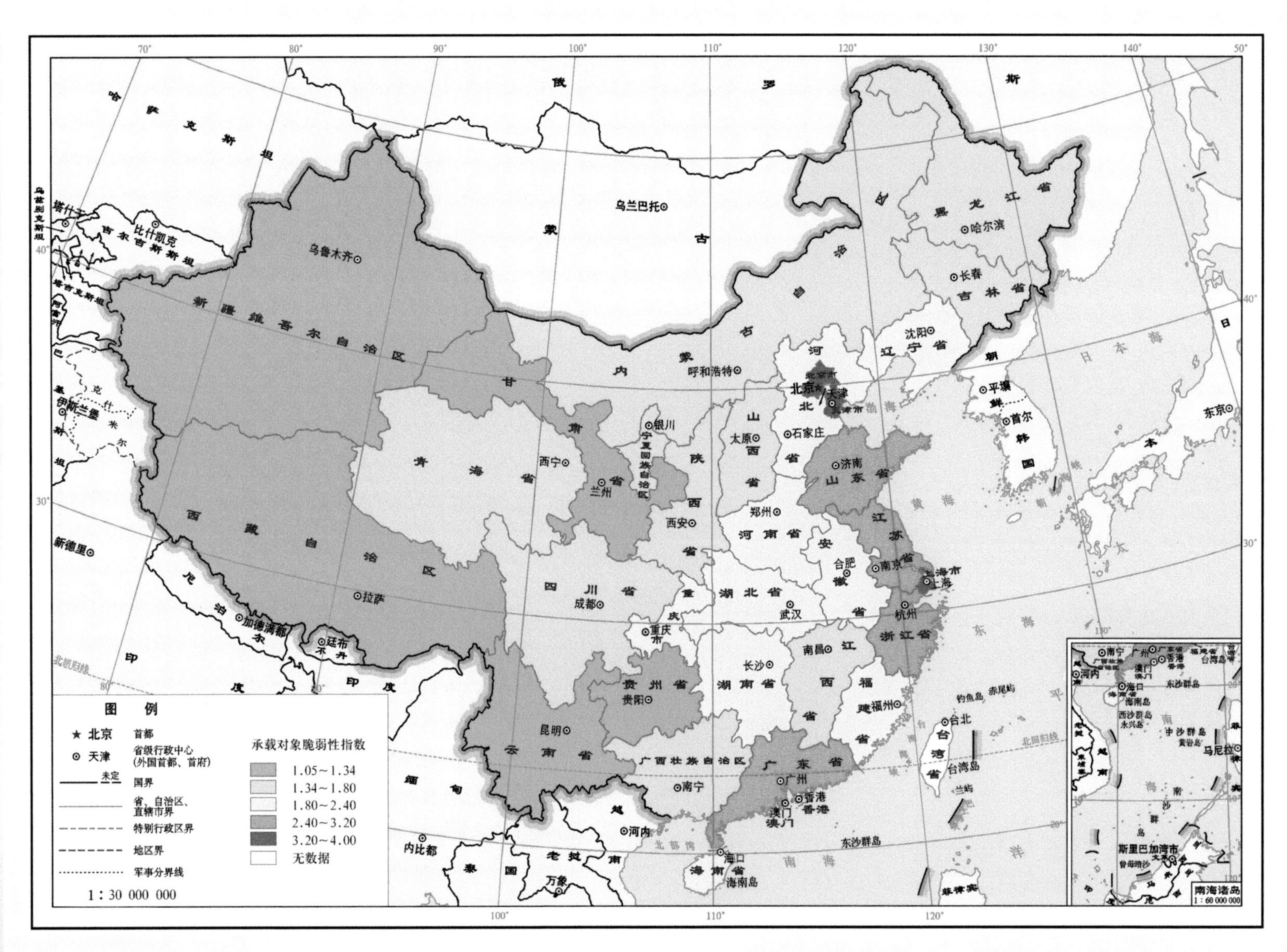

图3 承载对象脆弱性指数

说·明

承载对象脆弱性指数是指由于经济社会的快速发展对水资源需求增加，使水资源承载系统易于遭受破坏的可能性大小。社会经济越是发达的地区，其人口集聚度越高、城市化发展水平越高、人类社会活动对水资源与水生态环境的负荷越大，承载对象脆弱性指数越高；反之，在社会经济相对落后的地区，人口集聚度相对较低，城市化水平较低，人类社会活动对水资源与生态环境的负荷相对较小，承载对象脆弱性指数也相对较低。承载对象脆弱性指数计算所包括的指标有人口密度、城市化率和建设用地所占比重，其计算公式如下：

$$OBVI=\sum_{i=1}^{m}\left(w_i CO_i\right)$$

式中：$OBVI$ 为承载对象脆弱性指数；CO_i 为承载对象脆弱性评价第 i 个指标无量纲化后的数值；w_i 为第 i 个指标的权重系数；m 为承载对象脆弱性评价指标数目，$m=3$。

全国水资源承载对象脆弱性指数从空间分布上来看，具有沿海地区高于内陆地区、东部地区高于西部地区的特点。这与当前我国的经济社会空间格局具有一定程度的相似性，越是经济社会发达地区，人类社会活动对资源环境的开发利用程度越高，水资源承载对象脆弱性指数越高，经济社会发展对水资源及其环境的负荷越大，水资源承载系统也越容易遭受破坏。

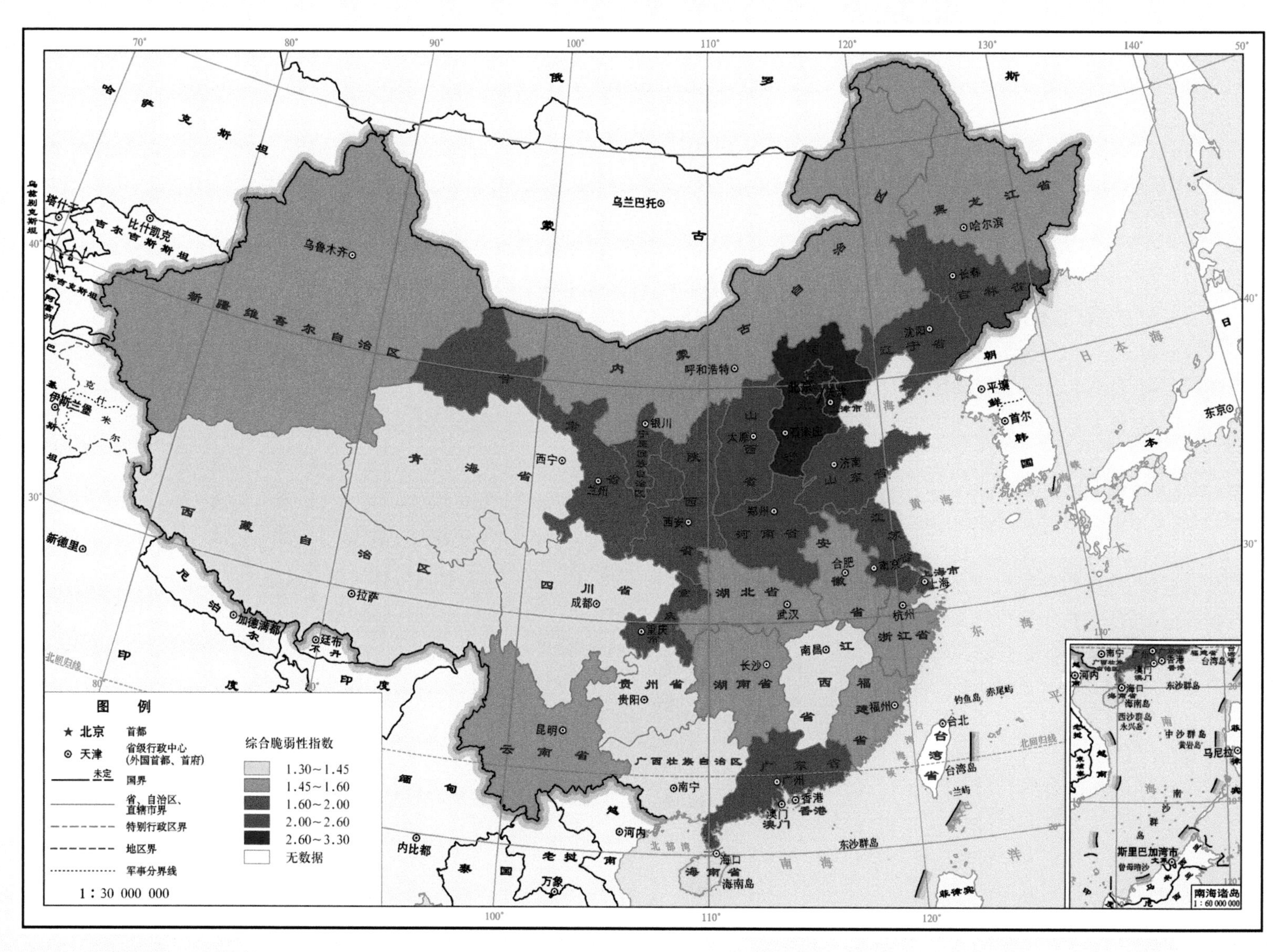
图 例
★ 北京 首都
⊙ 天津 省级行政中心（外国首都、首府）
未定 国界
省、自治区、直辖市界
特别行政区界
地区界
军事分界线
1：30 000 000
综合脆弱性指数
1.30～1.45
1.45～1.60
1.60～2.00
2.00～2.60
2.60～3.30
无数据
南海诸岛
1：60 000 000

图4 综合脆弱性指数

说·明

综合脆弱性指数是指水资源、社会、经济所组成的水资源承载系统发生超载的可能性，它由承载体、利用方式、承载对象等三方面脆弱性构成。综合脆弱性指数越高，水资源承载系统越容易发生超载，其计算公式如下：

$$WCVI = \sum_{i=1}^{m}\left(w_i C_i\right)$$

式中：$WCVI$ 为综合脆弱性指数；C_i 为综合脆弱性评价第 i 个指标值（分别为承载体脆弱性指数、利用方式脆弱性指数、承载对象脆弱性指数）；w_i 为第 i 个指标的权重系数；m 为综合脆弱性评价指标数目，$m = 3$。

综合脆弱性指数从空间分布上来看，华北地区相对较高，尤其是京津冀地区，水资源短缺，人口密集，城市化水平相对较高，人类活动对水资源与生态环境的影响较大，如长期取用地下水，使得地下水漏斗加剧；而在广阔的西部地区，由于人类活动对资源环境影响相对较小，水资源承载系统的脆弱性也相对较小。这也说明水资源承载系统的脆弱性，并不与降水量分布完全一致，它还受社会经济活动的影响。在广阔的西部地区，如西藏、新疆、青海等省份，降水较少，水资源比较短缺，但人类社会经济活动也相对较少，水资源承载系统脆弱性并不是最高的。

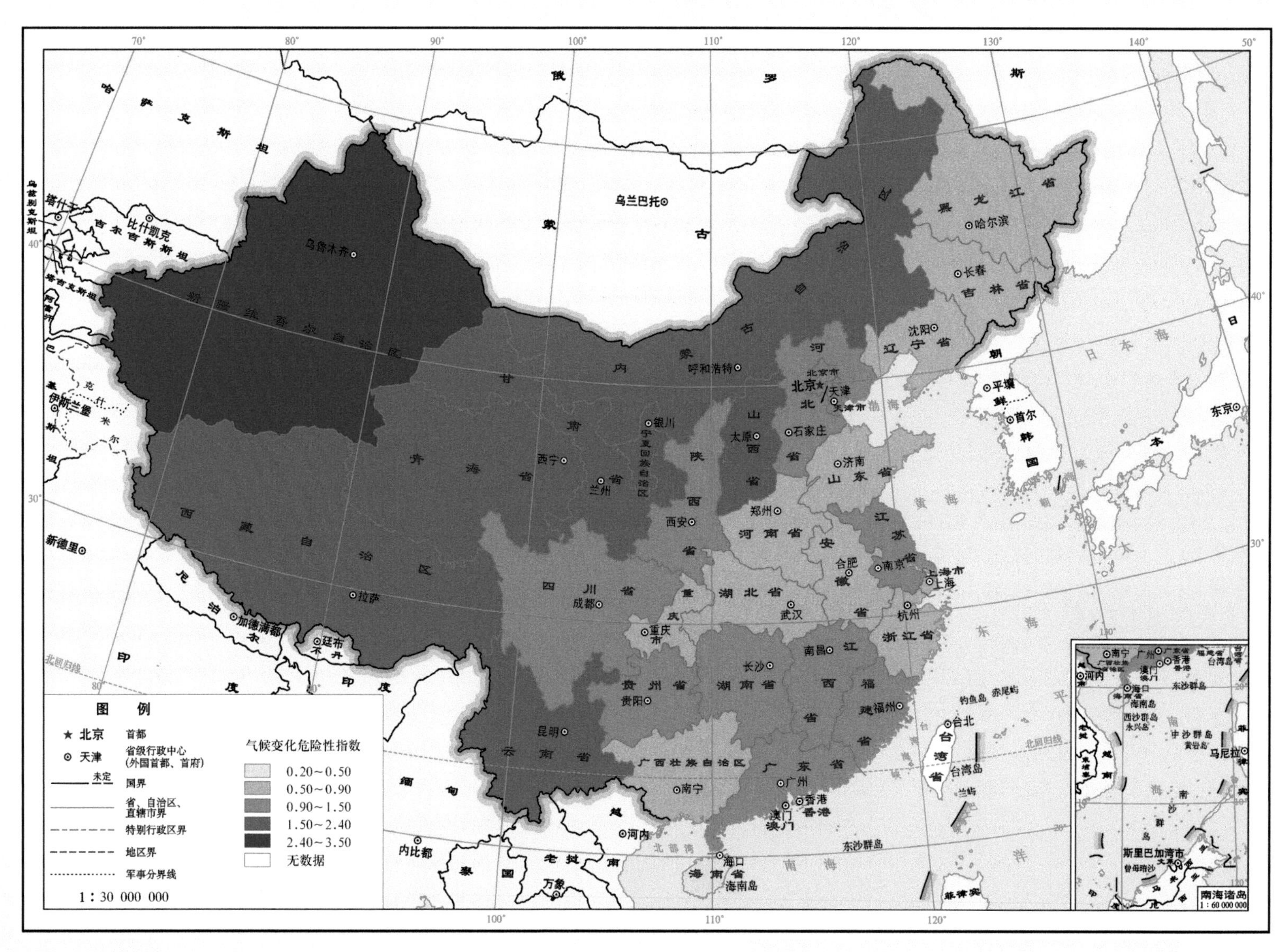

图5　气候变化危险性指数

说·明

气候变化危险性指数是指因降水、蒸发等发生剧烈变化而造成水资源短缺、水生态环境恶化，进而构成对良性健康水资源与生态环境系统危害的大小。气候变化危险性指数越高，其对水资源承载系统的危险性越大。气候变化危险性指数可通过计算每个时段的标准化降水蒸发指数，并统计其发生中等以上水分亏缺事件的频率来表征，即频率越高，气候变化对水资源承载系统的危险性越大，具体计算公式如下：

$$CL=\frac{\varphi}{\psi}$$

式中：CL 为气候变化危险性指数；φ 为统计时期内发生中等及以上水分亏缺的次数；ψ 为统计时期内的天数。

本图集以 10 年（如 2021—2030 年）的统计数据为一个周期，采用四种气候模式（GFDL-ESM2M，HadGEM2-ES，MIROC-ESM-CHEM，NorESM1-M），对基准期的水分亏缺频次进行统计，然后取其平均值作为气候变化危险性指数。全国气候变化危险性指数西北地区较高，如新疆的气候变化危险性指数高达 3.445，青海达 2.299，这些地区发生水分亏缺的概率比较高；而海南最低，为 0.208。

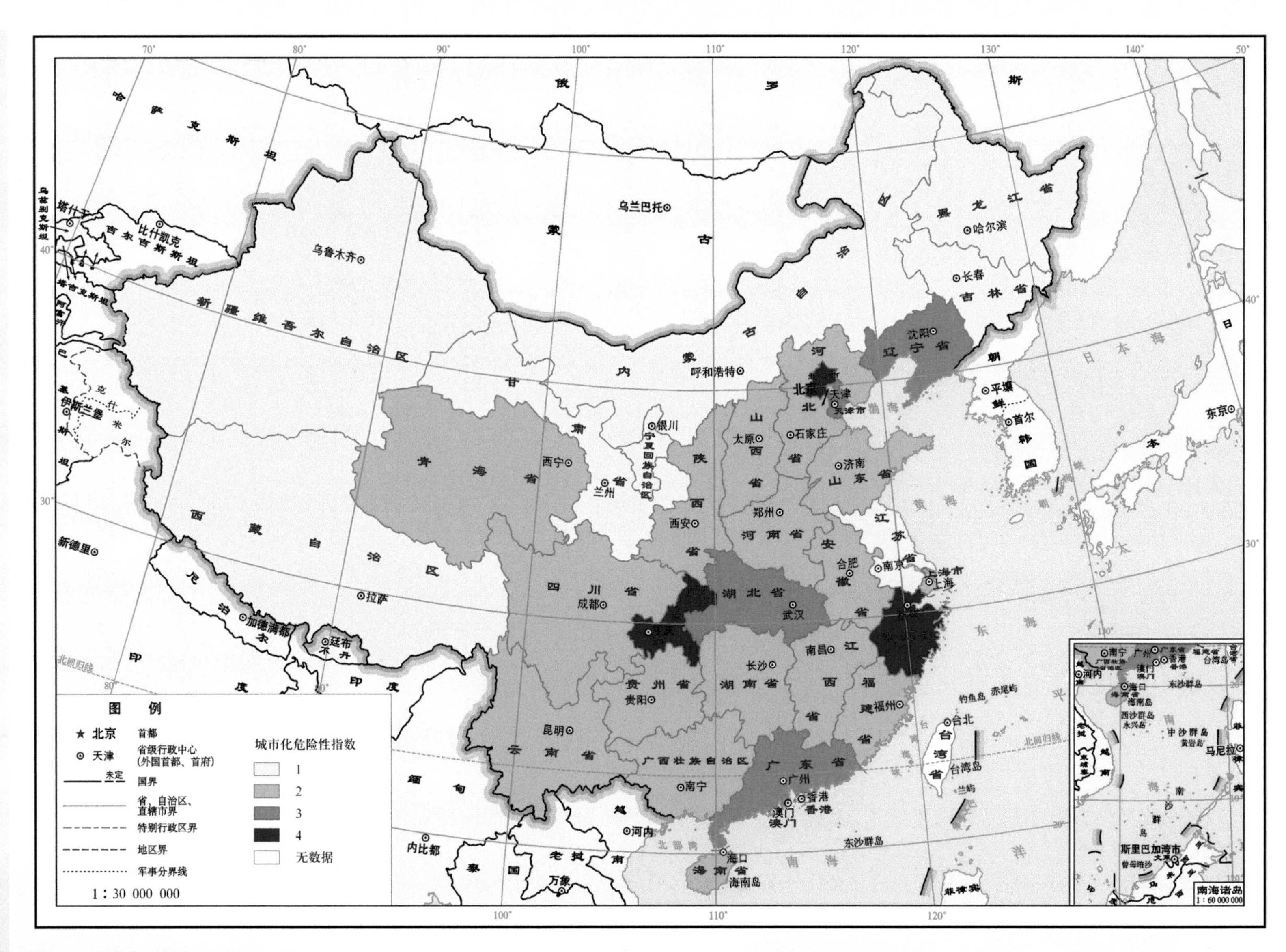
图 例
★ 北京 首都
⊙ 天津 省级行政中心（外国首都、首府）
未定 国界
省、自治区、直辖市界
特别行政区界
地区界
军事分界线
1∶30 000 000
城市化危险性指数
1
2
3
4
无数据
乌兰巴托
蒙古
哈萨克斯坦
俄罗斯
乌鲁木齐
新疆维吾尔自治区
西藏自治区
拉萨
青海省
西宁
甘肃省
兰州
宁夏回族自治区
银川
内蒙古自治区
呼和浩特
黑龙江省
哈尔滨
吉林省
长春
辽宁省
沈阳
北京
天津
天津市
河北省
石家庄
山西省
太原
陕西省
西安
山东省
济南
河南省
郑州
江苏省
南京
上海市
上海
安徽省
合肥
湖北省
武汉
四川省
成都
重庆
湖南省
长沙
江西省
南昌
福建省
福州
贵州省
贵阳
云南省
昆明
广西壮族自治区
南宁
广东省
广州
香港
澳门
海南省
海口
海南岛
台湾省
台北
平壤
首尔
韩国
朝鲜
日本海
东京
黄海
东海
南海
钓鱼岛
赤尾屿
东沙群岛
新德里
加德满都
廷布
印度
尼泊尔
河内
内比都
万象
越南
老挝
泰国
缅甸
南海诸岛
1∶60 000 000

图 6　城市化危险性指数

说·明

城市化危险性指数是指由于城市化发展带来水资源需求及污废水的排放量增加，进而构成对区域水资源、水环境和水生态的危害度。城市化危险性指数越高，水资源承载系统的危险性越大。由于城市化发展对水资源承载的影响主要以用水需求为主，因此可通过城市生活用水量（包括大生活用水）与总用水量之比揭示城市化发展对水资源承载系统的危险性，具体计算公式如下：

$$\text{城市化危险性指数}（UI）=\frac{\text{城市生活用水量}}{\text{总用水量}}$$

$$=\frac{\text{城镇生活用水定额}\times 365\times\text{城镇人口}}{1000\times\text{年人均用水量}\times\text{总人口}}$$

$$=\frac{\text{城镇生活用水定额}\times 365}{1000\times\text{年人均用水量}}\times\text{城市化率}$$

按照城市化危险性指数大小，分为高、较高、中、低四个等级，对各地区未来人口城市化水资源承载系统危险性进行定量评估，等级划分如下表。

城市化危险性指数等级划分

等级	高	较高	中	低
UI	$UI \geqslant 0.20$	$0.20 > UI \geqslant 0.15$	$0.15 > UI \geqslant 0.08$	$0.08 > UI \geqslant 0$

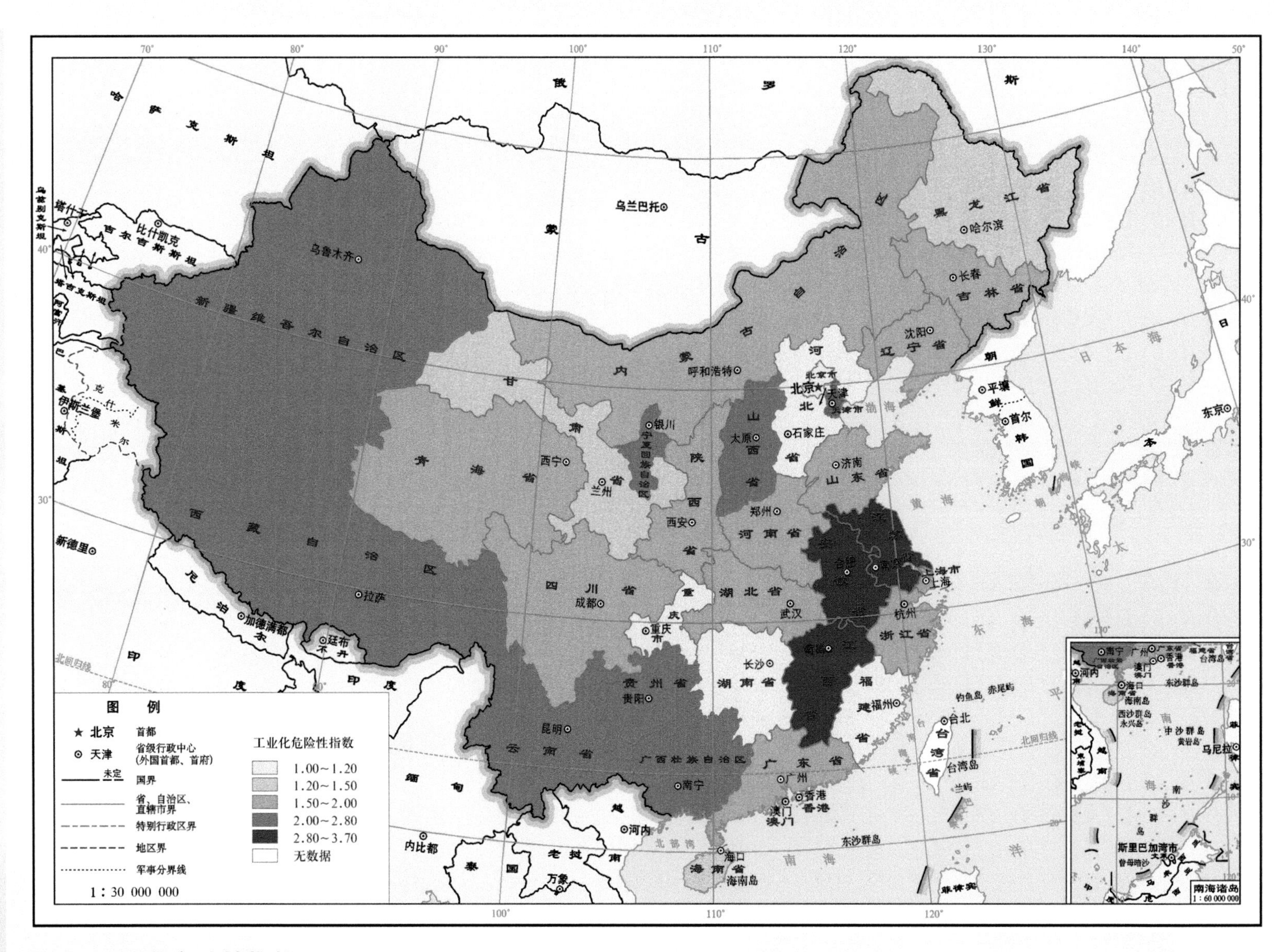
图 例
★ 北京
首都
⊙ 天津
省级行政中心
(外国首都、首府)
未定
国界
省、自治区、
直辖市界
特别行政区界
地区界
军事分界线
1 : 30 000 000
工业化危险性指数
1.00～1.20
1.20～1.50
1.50～2.00
2.00～2.80
2.80～3.70
无数据
南海诸岛
1 : 60 000 000

图 7　工业化危险性指数

说·明

工业化危险性指数是指由于工业化发展带来耗用水量和排污的增加，对区域水资源与水环境构成的危害性程度，主要考虑高耗水、高污染产业的转移和未来国家的布局等对水资源承载系统的影响。工业化危险性指数除了与工业化进程指数有关外，还与工业用水变化趋势有关。当工业用水呈下降趋势时，工业化危险性指数逐渐减小；而当工业用水呈上升趋势时，工业化危险性指数还将逐渐增大。根据各地区工业化进程现状和工业用水趋势，分析未来工业发展对水承载系统的危险性。工业化危险性指数的具体计算公式如下：

$$INHI = \sum_{i=1}^{m}\left(w_i HI_i\right)$$

式中：$INHI$ 为工业化危险性指数；HI_i 为工业化危险性评价第 i 个指标（分别为工业化进程指数、工业用水变化率）无量纲化后的数值；w_i 为第 i 个指标的权重系数；m 为工业化危险性评价指标数目，$m=2$。

工业化危险性指数以中东部地区最为突出，如安徽、江苏的工业化危险性指数分别达到了 3.700 和 3.550，这是因为上述地区的工业化正处于快速发展阶段，工业用水处于上升阶段，因此工业化危险性指数比较大。

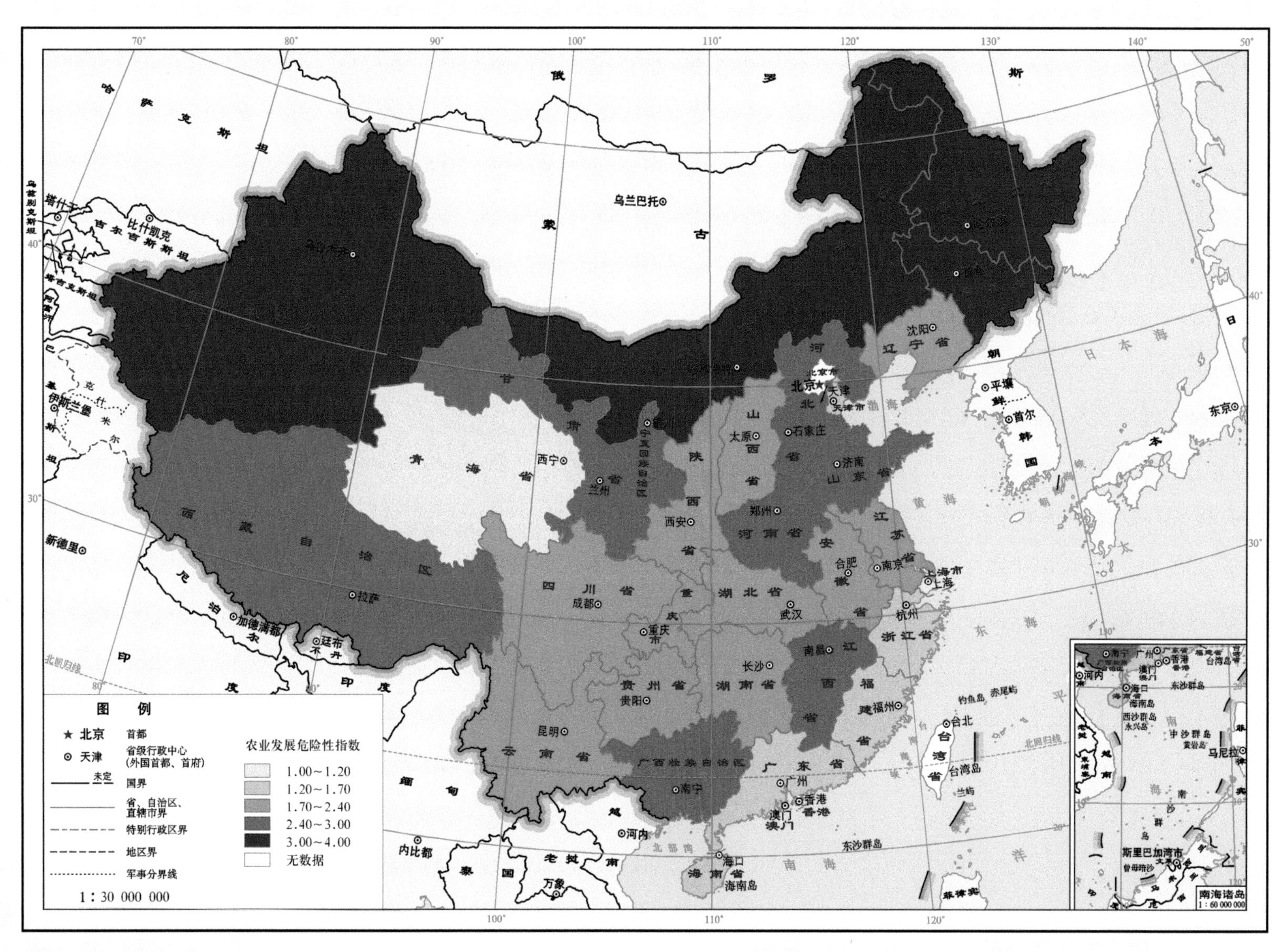

图8 农业发展危险性指数

说·明

农业发展危险性指数是指由于农业灌溉发展而造成的水资源短缺，构成对水资源承载系统的危险性程度，主要考虑未来潜在农业开发及灌溉面积的增加等因素对区域水资源承载的危险性。为此，可结合我国农业灌溉发展规划，分析未来新增农业灌溉面积及对水资源的需求态势，根据新增农业灌溉面积的大小对各地区的农业发展水资源承载系统的危险性进行定量评估。这里以人均粮食产量、农业用水比例、农业缺水率等因素作为农业灌溉引发水资源承载系统超载危险性因子。其中农业缺水率通过对1961—2015年各地区作物在不同季节的灌溉用水总量和降水总量的比值进行计算，然后以90%频率下的缺水率作为该地区的农业缺水率，反映了灌溉用水与降水比值的地域特征。农业发展危险性指数计算公式为

$$AGHI = \sum_{i=1}^{m} \left(w_i HA_i \right)$$

式中：$AGHI$ 为农业发展危险性指数；HA_i 为农业发展危险性评价第 i 个指标无量纲化后的数值；w_i 为第 i 个指标的权重系数；m 为农业发展危险性评价指标数目，$m = 3$。

全国农业发展危险性指数较大的省份为吉林、黑龙江、内蒙古等，这些省份是我国未来粮食增产的主要地区。这主要是因为根据规划我国粮食增产1000亿斤（1斤 = 0.5kg），其中黑龙江省占17.7%、吉林省占10%，在耕地面积有限的情况下，粮食增产需要通过扩大灌溉面积、增加灌溉用水来实现。

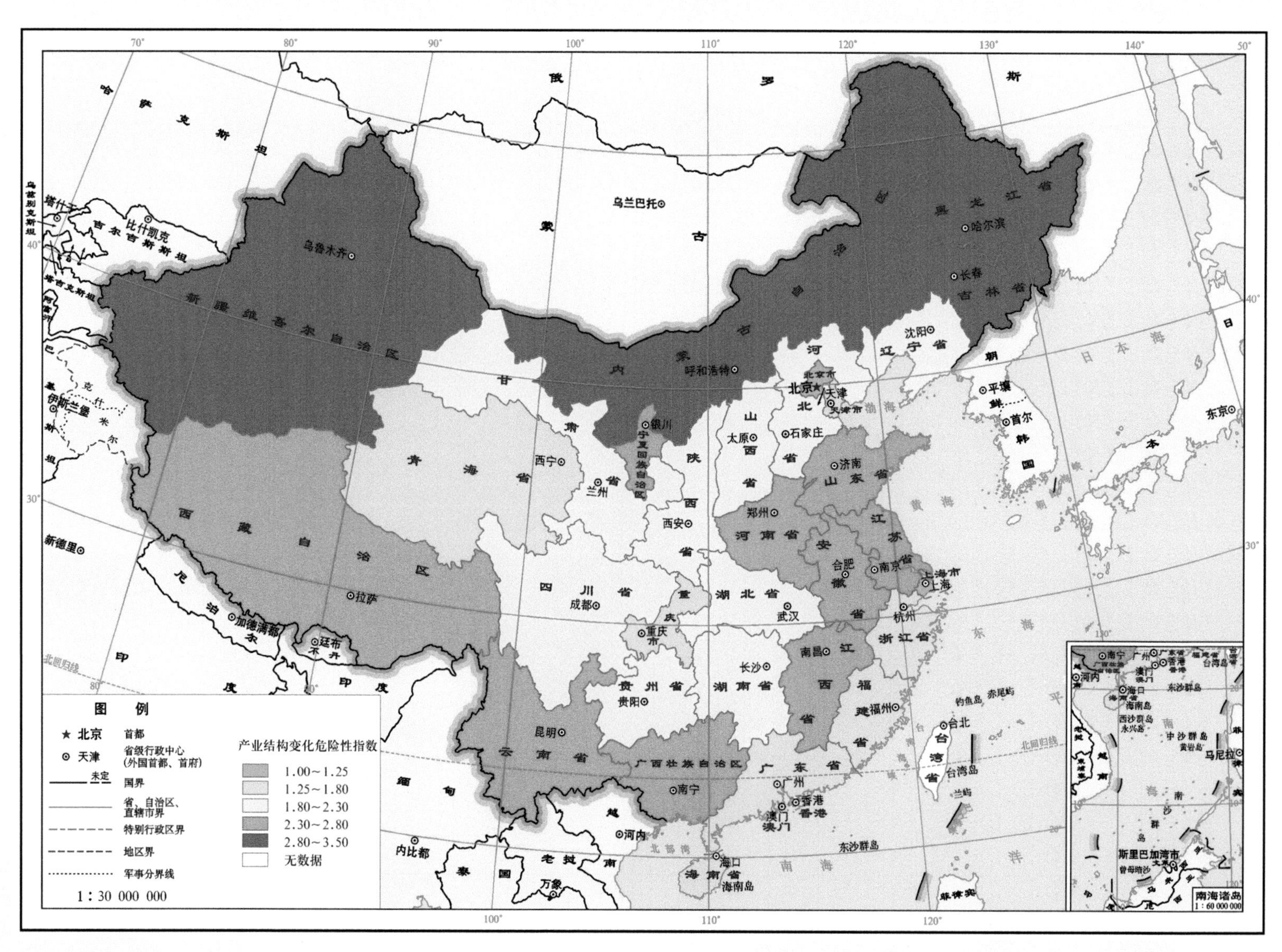

图9 产业结构变化危险性指数

说·明

产业结构变化危险性指数是指由于工农业发展造成的水资源短缺、水生态环境恶化形成对水资源承载系统的危害程度，它是由工业化危险性指数、农业发展危险性指数构成，其具体计算公式如下：

$$ISHI=\sum_{i=1}^{m}\left(w_i HS_i\right)$$

式中：$ISHI$ 为产业结构变化危险性指数；HS_i 为产业结构变化危险评价第 i 个指标值（分别为工业化危险性指数 $INHI$、农业发展危险性指数 $AGHI$）；w_i 为第 i 个指标的权重系数；m 为产业结构变化危险性评价指标数目，$m=2$。

全国产业结构变化危险性指数主要集中在北方农业大省，如黑龙江、吉林、内蒙古、新疆等，这是因为农业灌溉是主要用水大户，占用水总量的比例较高，对水资源承载系统带来的压力比较大。产业结构变化危险性指数最小的地区为上海、北京，主要因上述两个地区的第一产业比重很小，农业用水比例很低，2017 年农业用水量仅占总用水量的 18.5% 和 17.0%，且人均粮食产量也很低，分别为 46.4kg/ 人和 28.8kg/ 人，远低于全国人均粮食产量 452kg/ 人的水平，用水主要以生活为主，产业发展不会对水资源系统构成危险。

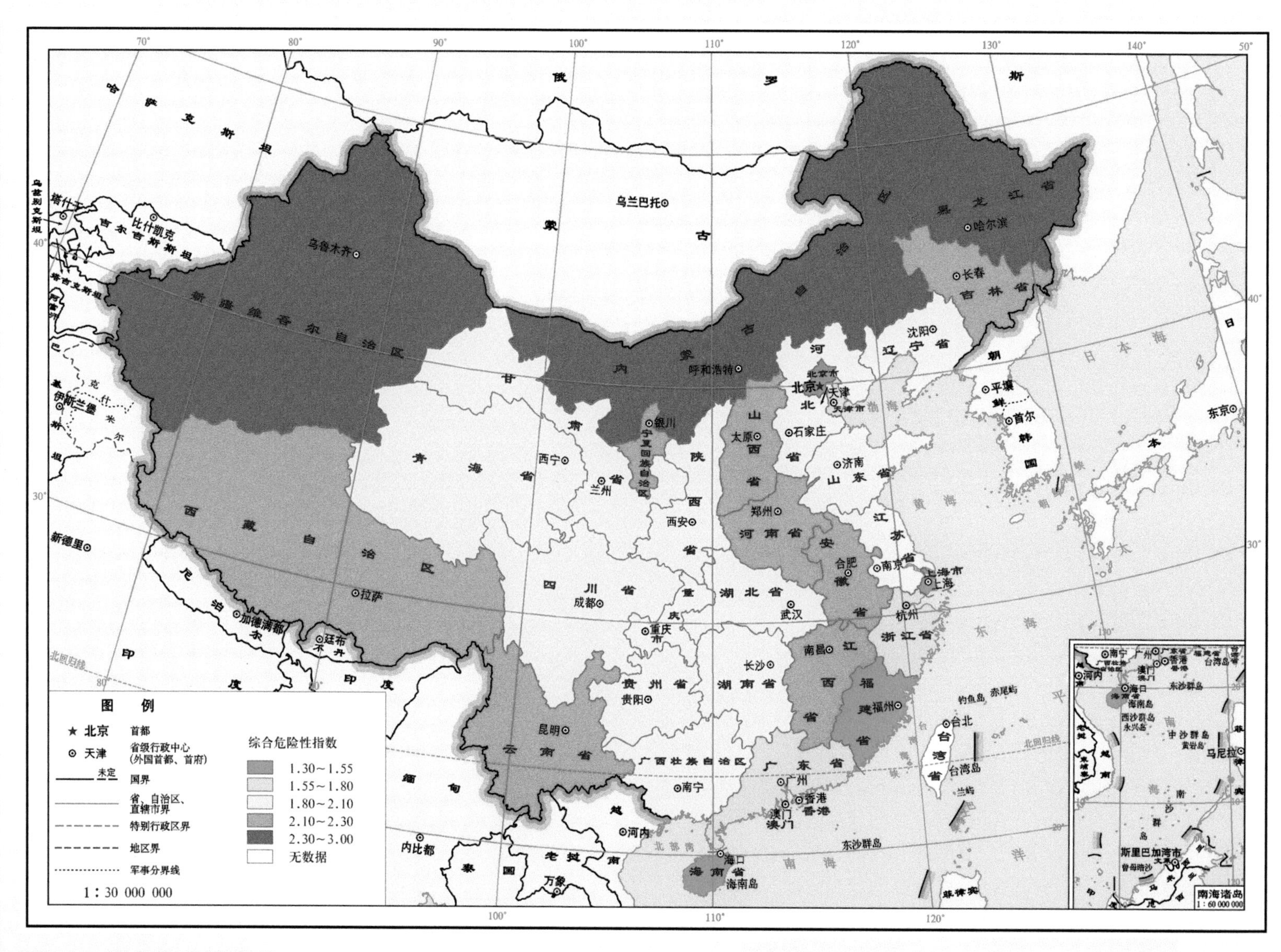
图 例
★ 北京 首都
⊙ 天津 省级行政中心(外国首都、首府)
未定 国界
省、自治区、直辖市界
特别行政区界
地区界
军事分界线
1∶30 000 000
综合危险性指数
1.30～1.55
1.55～1.80
1.80～2.10
2.10～2.30
2.30～3.00
无数据
新疆维吾尔自治区
乌鲁木齐
西藏自治区
拉萨
青海省
西宁
甘肃省
兰州
宁夏回族自治区
银川
内蒙古自治区
呼和浩特
黑龙江省
哈尔滨
吉林省
长春
辽宁省
沈阳
北京市
北京
天津市
天津
河北省
石家庄
山西省
太原
山东省
济南
陕西省
西安
河南省
郑州
江苏省
南京
安徽省
合肥
上海市
上海
浙江省
杭州
四川省
成都
重庆市
重庆
湖北省
武汉
湖南省
长沙
江西省
南昌
福建省
福州
贵州省
贵阳
云南省
昆明
广西壮族自治区
南宁
广东省
广州
香港
澳门
海南省
海口
海南岛
台湾省
台北
台湾岛
钓鱼岛
赤尾屿
东沙群岛
渤海
黄海
东海
南海
北部湾
日本海
太平洋
北回归线
蒙古
乌兰巴托
俄罗斯
哈萨克斯坦
吉尔吉斯斯坦
比什凯克
塔吉克斯坦
乌兹别克斯坦
巴基斯坦
伊斯兰堡
新德里
尼泊尔
加德满都
不丹
廷布
印度
缅甸
内比都
老挝
万象
泰国
越南
河内
朝鲜
平壤
韩国
首尔
日本
东京
菲律宾
南海诸岛
1∶60 000 000
西沙群岛
中沙群岛
永兴岛
黄岩岛
斯里巴加湾市
马尼拉
曾母暗沙

图 10　综合危险性指数

说·明

综合危险性指数是指由于气候变化和人类活动等造成水资源承载系统发生超载的危害程度，它是由气候变化、城市化、产业结构等因子的危险性构成（目前政策对水资源承载系统危险性难以定量化表达，暂未考虑政策的危险性），具体计算公式如下：

$$WCHI = \sum_{i=1}^{m}\left(w_i H_i\right)$$

式中：$WCHI$ 为综合危险性指数；H_i 为综合危险性评价第 i 个指标值（分别为气候变化、城市化、产业结构变化等危险性指数）；w_i 为第 i 个指标的权重系数；m 为综合危险性评价指标数目，$m=3$。

全国综合危险性指数从空间分布上来看，北方地区高于南方地区，西北地区高于东南地区。东北地区的综合危险性指数较高，东南地区的综合危险性指数较低。综合危险性指数最高的省份为新疆，高达 2.724；其次为东北地区的黑龙江，达到 2.477；最低的省份为福建。造成综合危险性指数较高的原因包括两方面：一方面是气候变化带来的降水量减少，使得可利用水资源量减少；另一方面是经济社会发展带来需用水量的增加。气候变化、城市化、产业结构都对水资源承载系统超载构成了危险，但贡献最大的为产业结构，这主要是由于产业结构中的农业发展对水资源系统的压力比较大，在一个地区农业用水占地区总用水量的比重往往是最大的，而农业灌溉用水的增加会显著增加用水总量。

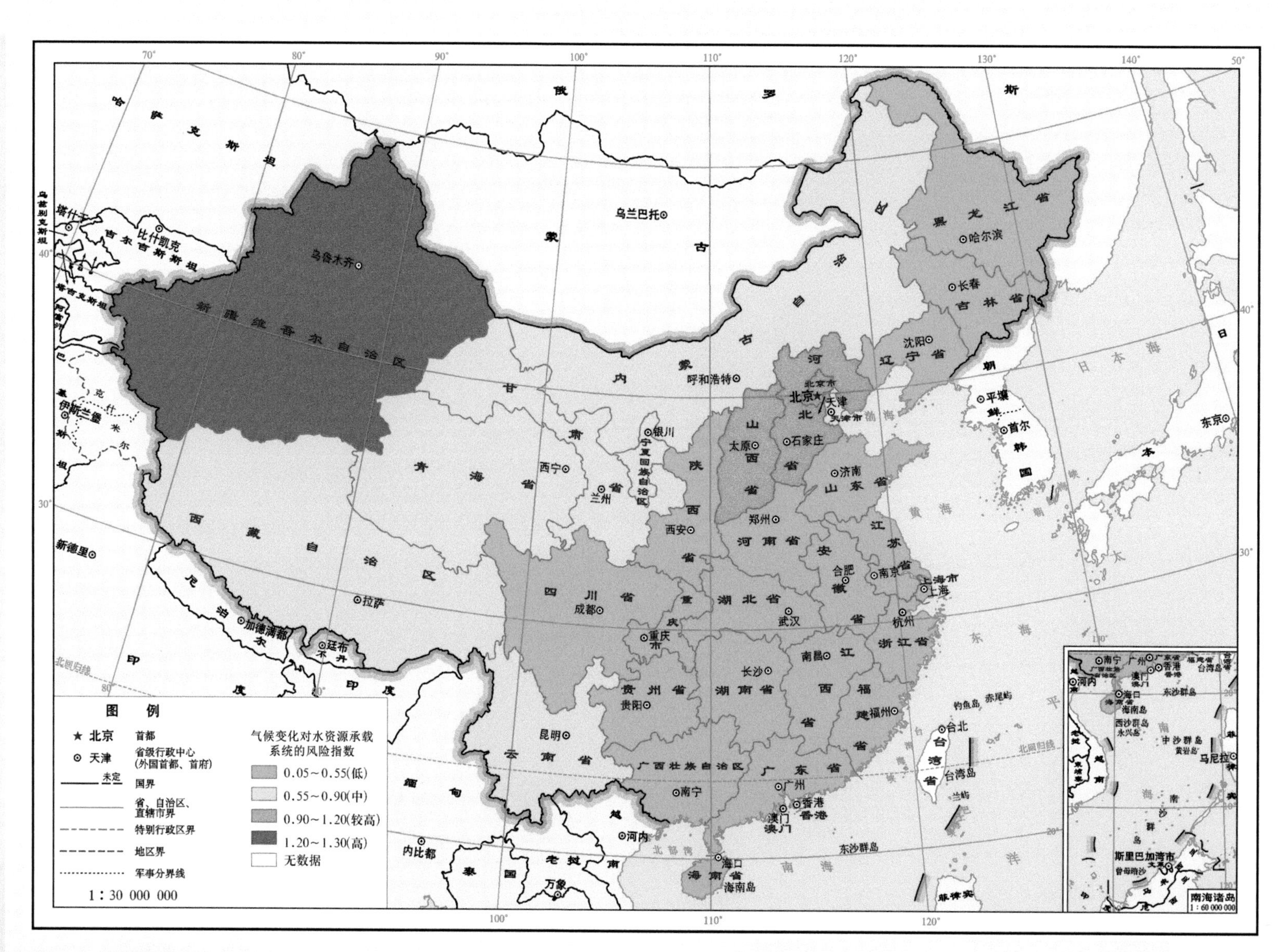

图 11　气候变化对水资源承载系统的风险指数

说·明

将气候变化危险性指数与综合脆弱性指数相乘，即得到气候变化对水资源承载系统的风险指数。气候变化显著的结果表现为出现极端降水与蒸发的频次在增加，给地区水资源承载系统带来了风险。从区域上分析，北方地区高于南方地区，西北地区高于东部地区。气候变化对水资源承载系统的风险指数最高的地区为西北地区，其次是京津冀地区。从省份上分析，气候变化对水资源承载系统的风险指数最高的省份为新疆，达到1.264；其次为北京，为1.137；京津冀周边地区，如山西、河北等地的风险指数也较高。这是因为上述省份水资源短缺，人类经济社会活动对水资源的需求量大，使得综合脆性指数较高。同时，这些地区受气候变化影响发生中等以上水分亏缺的频率比较高，气候变化使得水资源承载系统风险高。

在此基础上，进一步解析气候变化造成水资源承载系统风险的原因。在新疆，高风险主要来自于危险性方面，由于降水稀少、蒸发量大，发生水分亏缺的频率高。北京、山西、河北等省份，主要是由于综合脆弱性指数较高。此外，云南气候变化对水资源承载系统的风险指数也相对较高，也主要是由气候变化危险性指数高造成。海南、吉林、湖北、浙江等省份，综合脆弱性指数、气候变化危险性指数都较低，因此这些地区的气候变化风险性指数较低。

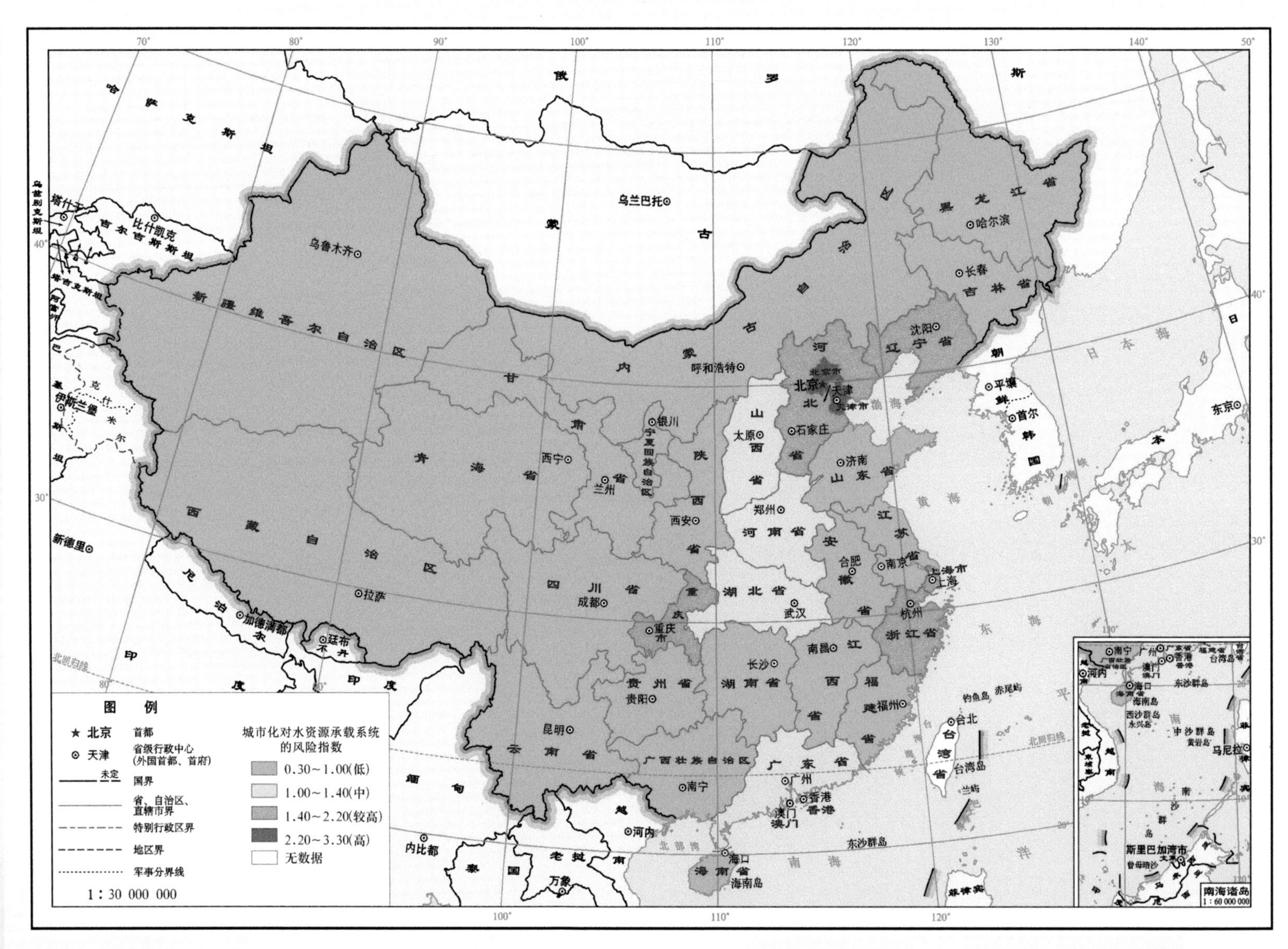

图 12　城市化对水资源承载系统的风险指数

说·明

将城市化危险性指数与综合脆弱性指数相乘，即得到城市化对水资源承载系统的风险指数。城市化对水资源承载系统的风险指数最高的为京津冀地区，其次为长江中下游、珠三角以及成渝地区。上述地区目前城市化水平较高，城市生活用水占总用水量的比例较高，城市化发展给水资源系统（承载体）造成的压力比较大。同时，这些地区也是我国未来城市群规划发展的重点地区。从区域上分析，东部地区城市化对水资源承载系统的风险指数高于西北地区，经济发达地区高于经济欠发达地区。从省份上分析，北京市的城市化对水资源承载系统的风险指数最高，达到3.261；其次为天津，达到2.474。上海的城市化对水资源承载系统的风险指数也比较高，达到1.874，重庆为1.608，浙江为1.587。城市化对水资源承载系统的风险指数最低的为西藏，仅为0.329，其次为新疆。

从城市化对水资源承载系统的风险成因方面分析，北京和天津是因为水资源短缺、人口相对密集，经济社会发展对水资源需求大，综合脆弱性指数和城市化危险性指数同时高，从而造成城市化对水资源承载系统的风险指数高。上海、重庆、浙江等地，主要是因城市化危险性指数相对较高造成。西藏、新疆、黑龙江、内蒙古、甘肃等省份综合脆弱性指数较低，且城市化水平也比较低，城市生活用水占地区的总用水量比例较小，城市化发展并未给地区的水资源承载带来明显的压力，因此城市化对水资源承载系统的风险指数比较低。

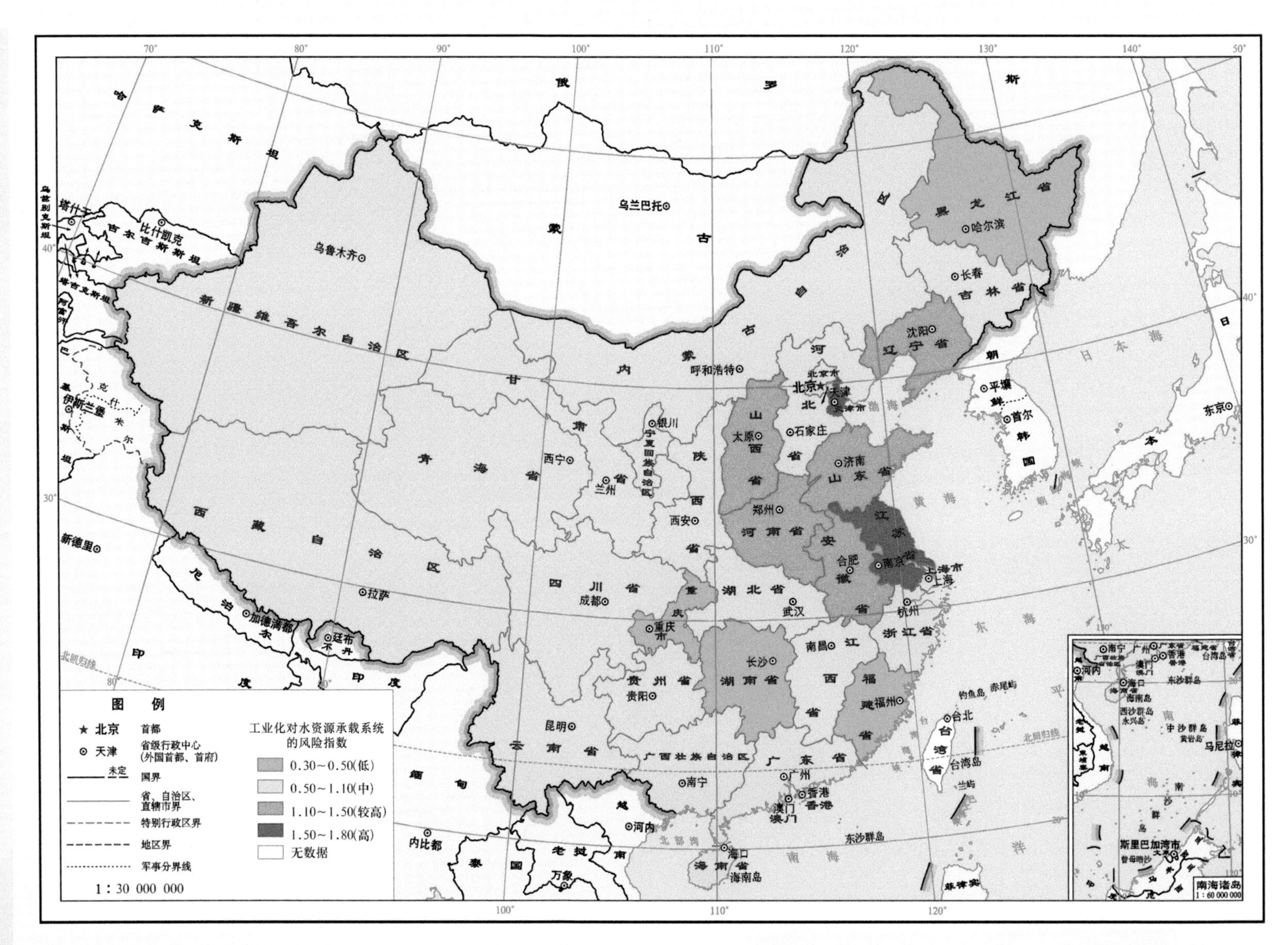

图 13　工业化对水资源承载系统的风险指数

说·明

将工业化危险性指数与综合脆弱性指数相乘，即得到工业化对水资源承载系统的风险指数。工业化进程加快，带来了工业需水量的增大，污水排放量的增加，给地区的水资源承载系统带来了风险。因此，工业化的风险主要考虑高耗水、高污染的工业布局及其发展规划。工业化对水资源承载系统的风险指数最高的地区集中在中东部的海河流域和淮河流域。这些地区是目前我国工业基础较好的地区，增长速度较快，工业用水需求较大。从省份分析，江苏省的工业化对水资源承载系统的风险指数最高，达到1.773，主要由于其处于工业化中期向工业化后期过渡阶段，工业化发展速度较快，工业用水增长趋势较明显，对水资源承载系统的风险比较高。其次是安徽和天津，工业化对水资源承载系统的风险指数分别达到1.466和1.526。工业化对水资源承载系统的风险指数最低的为福建，工业化进程已进入后期，工业用水在2011年出现下降趋势，且水资源系统的脆弱性也比较低。另外，工业化对水资源承载系统的风险指数较低的为重庆和湖南。

从工业化对水资源承载系统的风险成因方面分析，江苏、安徽的工业化对水资源承载系统的风险主要源于工业化对水资源承载系统的危险性，即工业化处于快速发展阶段，且工业需水增长较快，对水资源承载系统构成了风险。天津的工业化危险指数虽然不高，但因人均水资源量短缺，水质相对较差，脆弱性较高，因此工业化对水资源承载系统的风险指数较高。山西、辽宁、河南、山东等省份工业化对水资源承载系统的风险指数主要来自于综合脆弱性指数高。福建、重庆、湖南、黑龙江、海南等省份工业化对水资源承载系统的风险指数比较低，主要是由于工业化进程及工业用水增长趋势都比较低，综合脆弱性指数也不高。

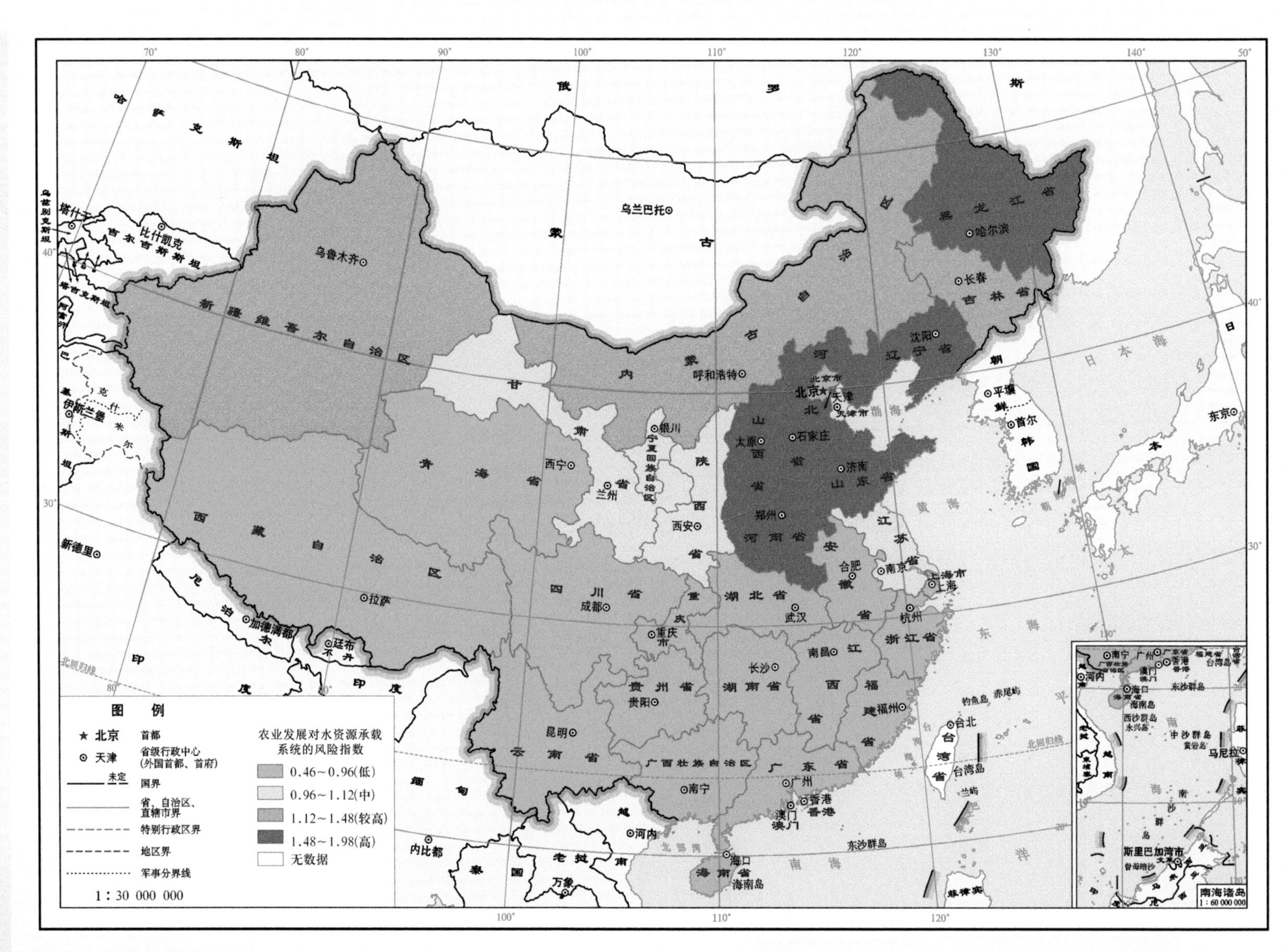

图 14　农业发展对水资源承载系统的风险指数

说·明

将农业发展危险性指数与综合脆弱性指数相乘，即得到农业发展对水资源承载系统的风险指数。农业灌溉的增加，对水资源使用量增加，导致地区水资源承载系统的压力增大。因此，农业发展对水资源承载系统的风险主要以农业需用水为主。农业发展对水资源承载系统的风险指数最高的区域主要集中在京津冀及东北地区。

从整体上分析，北方地区农业发展对水资源承载系统的风险指数高于南方地区，粮食主产区高于非主产区。从省份分析，虽然河北的农业发展对水资源承载系统的危险性指数不是最高，但水资源承载系统的脆弱性很高，致使河北的农业发展对水资源承载系统的风险指数最高，达到1.967；其次是山东、黑龙江，农业发展对水资源承载的风险指数达到1.599和1.536。农业发展对水资源承载系统的风险指数最低的为上海的0.469，其次为福建的0.508，这些地区的水资源较为丰富，而耕地资源却有限，农业用水占总用水量的比例比较低，农业灌溉用水需求较小。

从农业发展对水资源承载系统的风险指数构成方面分析，河北、河南、山东的风险指数高是因综合脆弱性指数和农业发展危险性指数都高造成的。黑龙江、吉林、内蒙古、新疆是因农业灌溉用水量大（农业发展危险性指数高）造成。上海、福建、浙江、青海、海南等地水资源承载系统的综合脆弱性指数、农业发展危险性指数相对都较低，因此农业发展对水资源承载系统的风险指数比较低。

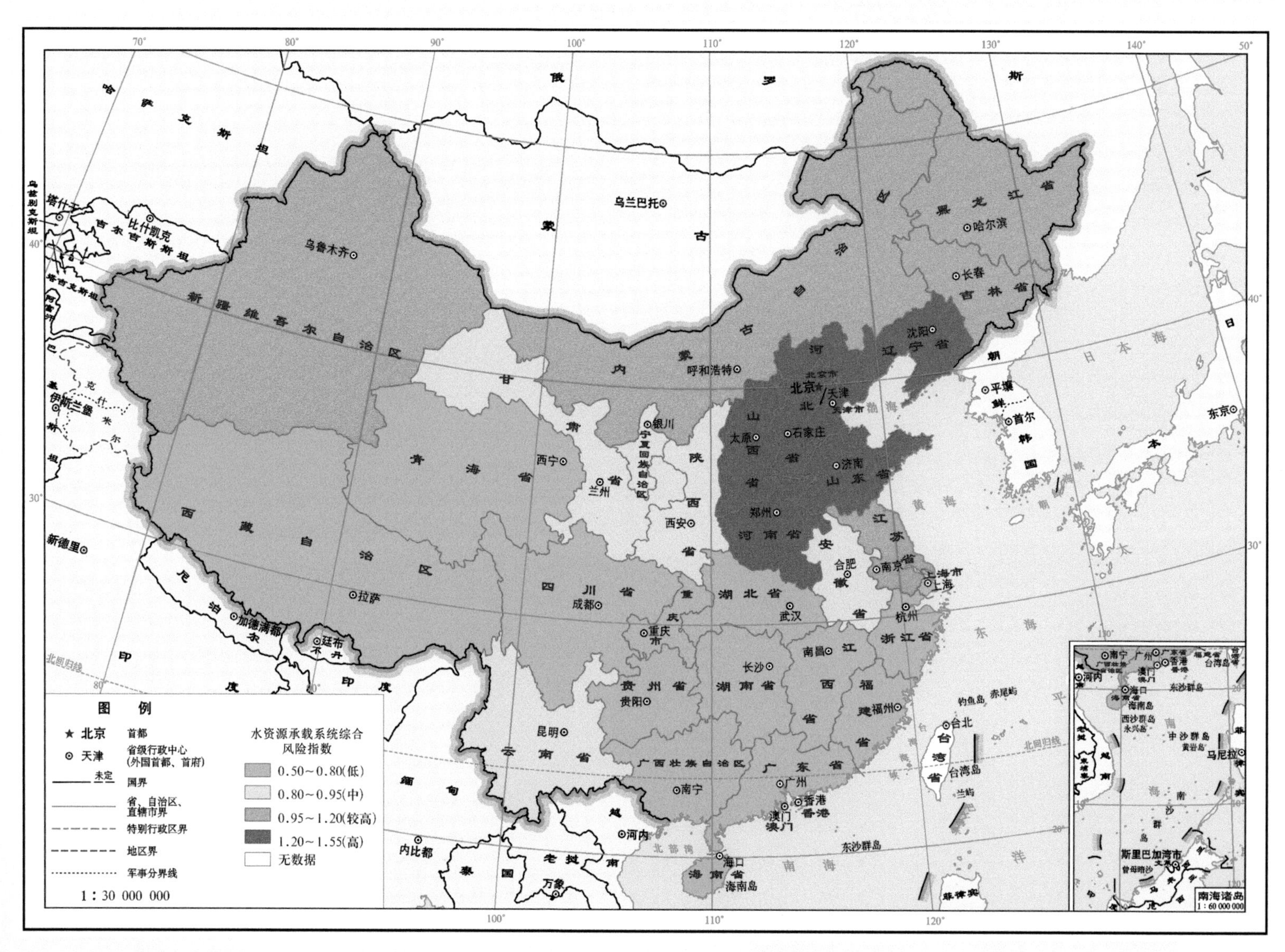

图 15　水资源承载系统综合风险指数

说·明

水资源承载系统综合风险指数既与其自身的脆弱性有关，同时也受到所处环境发展的危险性影响，如来自于气候变化、城市化、产业发展的威胁，共同构成并导致承载系统的风险。将上述因子对水资源承载系统的风险进行叠加，即得到水资源承载系统综合风险指数，具体计算公式如下：

$$RI = \sum_{i=1}^{m}\left(w_i R_i\right)$$

式中：RI 为水资源承载系统综合风险指数；R_i 为综合风险评价第 i 个指标值（分别为气候变化、城市化、工业化、农业发展对水资源承载系统的风险指数）；w_i 为第 i 个指标的权重系数；m 为水资源承载系统综合风险评价指标数目，$m=4$。

从空间分布来分析，北方地区的水资源承载系统综合风险指数明显高于南方地区，主要因北方地区的降水量较南方地区稀少、蒸发量大，需要灌溉的面积较南方多，水资源供需矛盾突出。同时，也与经济社会发展对水资源需求有关，经济相对较发达地区的水资源承载系统综合风险指数高于经济落后地区。如同属北方缺水地区，京津冀地区的水资源承载系统综合风险指数高于西北地区。这是因为经济发达地区的社会经济用水需求量大，排放的污废水也相对较多，对水环境的污染也相对严重，水资源承载系统的脆弱性高，发生超载的风险增大。此外，水资源承载系统综合风险指数与行业用水量及比例有关，农业用水量越多，所占比重越高，受气候变化影响越大，遇到极端干旱年份，发生水资源超载的风险越大，如西北地区的新疆、内蒙古和东北地区的吉林、辽宁等。

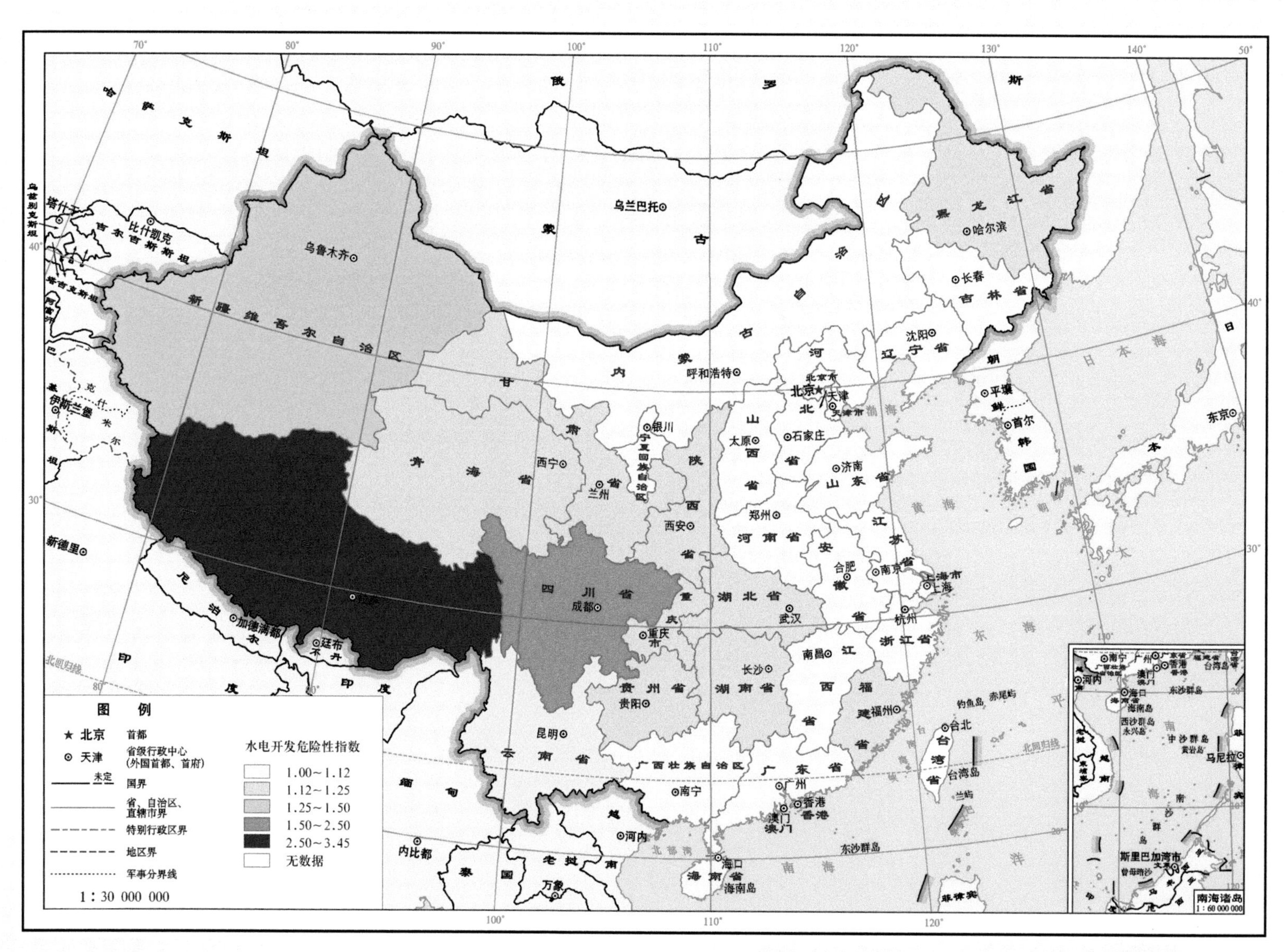

图16 水电开发危险性指数

说·明

水电开发危险性指数是指因水电开发而使河流阻隔增加、水流速度降低，对区域水生态与水环境构成的危害程度。水电开发修建大坝会导致河流流速降低甚至断流，影响水生生物生存环境，致使生物多样性减少，水生态环境退化，使得区域水资源承载系统受到影响。剩余的水电资源量越多，未来进行水电开发的可能性越大，由此造成对水资源承载系统破坏的危险性越高。根据全国水电资源的理论蕴藏量、技术可开发量、经济可开发量，可知各地区剩余水电资源量。水电开发危险性指数越高，水资源承载系统所面临的危险性越大，具体计算公式如下：

$$HYHI_i = \frac{(RES - EXP)_{max} - (RES - EXP)_i}{(RES - EXP)_{max} - (RES - EXP)_{min}}$$

式中：$HYHI_i$ 为第 i 个省份的水电开发危险性指数；RES 为水电资源理论蕴藏量；EXP 为水电资源已开发量；$(RES - EXP)_i$ 为第 i 个省份剩余的水电资源量；$(RES - EXP)_{max}$ 为各省份最大剩余水电资源量；$(RES - EXP)_{min}$ 为各省份最小剩余水电资源量。

水电开发危险性指数西部地区高于东部地区，高原地区高于平原地区，以西南地区最高。从省份上分析，西藏的水电开发危险性指数最高，其次为四川、云南等；北京、天津、上海等的水电开发危险性指数最低。

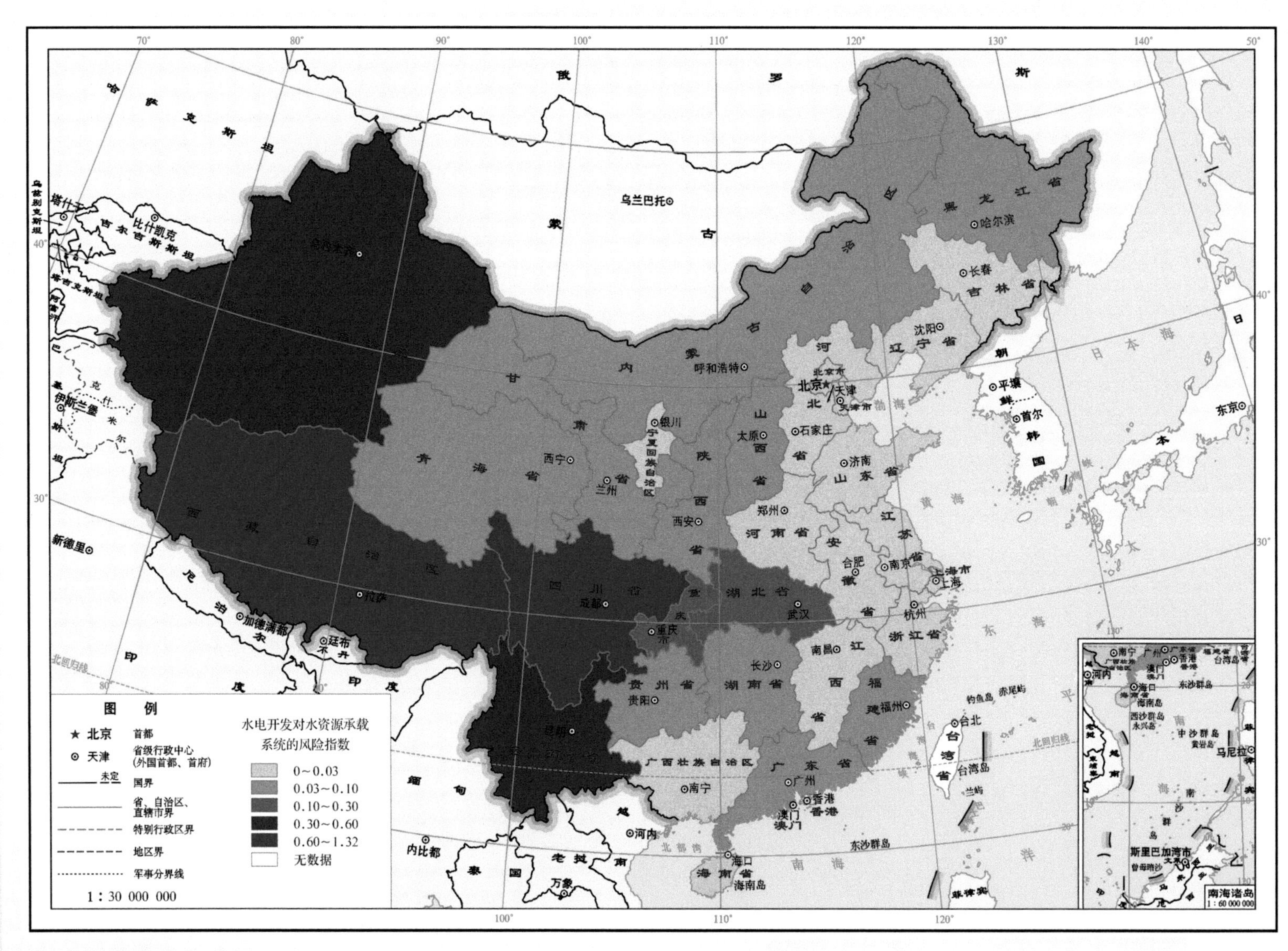

图 17　水电开发对水资源承载系统的风险指数

说·明

在水资源承载系统脆弱性基础上，通过叠加水电开发危险性指数，得到全国水电开发对水资源承载系统的风险指数。水电开发对水资源承载系统的风险指数在空间布局上具有西南地区最高、东部地区最低的特点。水电开发对水资源承载系统的风险主要源自于未来开发水电的可能性，未来水电开发的可能性越高，风险也越大。水电开发对水资源承载系统的风险指数最高的为西藏，达到1.315；其次为四川和云南，分别为0.614和0.407。

内 容 提 要

本图集作为中国水资源承载力研究的创新成果，以水资源承载系统的组成结构为出发点，从承载体、承载对象、利用方式三方面展现了全国水资源承载系统的脆弱性空间分布，同时给出气候变化、城市化、产业结构变化等方面对水资源承载系统的危险性空间分布。通过将危险性指数与脆弱性指数相叠加，本图集呈现了气候变化、城市化、产业结构变化的水资源承载系统风险空间分布，以及综合风险空间格局。

本图集可供研究水资源承载力、水资源风险评估的科技工作者与管理者参考，也可作为水资源安全评价、水资源可持续利用等专业研究生的参考书。

图书在版编目（CIP）数据

中国水资源承载风险图集 / 吕爱锋，韩雁，朱文彬著. -- 北京 : 中国水利水电出版社，2022.8
ISBN 978-7-5226-0718-4

Ⅰ. ①中… Ⅱ. ①吕… ②韩… ③朱… Ⅲ. ①水资源－承载力－风险评价－中国－图集 Ⅳ. ①TV211-64

中国版本图书馆CIP数据核字(2022)第086314号

审图号：GS（2022）2236号

书 名	**中国水资源承载风险图集** ZHONGGUO SHUIZIYUAN CHENGZAI FENGXIAN TUJI
作 者	吕爱锋 韩 雁 朱文彬 著
出版发行	中国水利水电出版社 （北京市海淀区玉渊潭南路1号D座 100038） 网址：www. waterpub. com. cn E-mail：sales@mwr. gov. cn 电话：（010）68545888（营销中心）
经 售	北京科水图书销售有限公司 电话：（010）68545874、63202643 全国各地新华书店和相关出版物销售网点
排 版	中国水利水电出版社微机排版中心
印 刷	北京九州迅驰传媒文化有限公司
规 格	250mm×260mm 12开本 3.5印张 59千字
版 次	2022年8月第1版 2022年8月第1次印刷
定 价	**68.00**元